¿DÓNDE VIVO?

EL PAÍS

Un libro de Las Raíces de Crabtree

ALICIA RODRIGUEZ
Traducción de
Pablo de la Vega

CRABTREE
Publishing Company
www.crabtreebooks.com

Apoyos de la escuela a los hogares para cuidadores y maestros

Este libro ayuda a los niños en su desarrollo al permitirles practicar la lectura. Abajo están algunas preguntas guía para ayudar al lector a fortalecer sus habilidades de comprensión. En rojo hay algunas opciones de respuesta.

Antes de leer:

- ¿De qué pienso que tratará este libro?
    - *Pienso que este libro es sobre cómo son los países.*
    - *Pienso que este libro es sobre las partes de los países.*
- ¿Qué quiero aprender sobre este tema?
    - *Quiero aprender cómo se ve un país.*
    - *Quiero aprender qué tan grande es un país.*

Durante la lectura:

- Me pregunto por qué...
    - *Me pregunto por qué algunos países tienen estados.*
    - *Me pregunto por qué algunos países tienen océanos a ambos lados.*
- ¿Qué he aprendido hasta ahora?
    - *Aprendí que los Estados Unidos de América tienen 50 estados.*
    - *Aprendí que hay océanos a ambos lados de los Estados Unidos de América.*

Después de leer:

- ¿Qué detalles aprendí de este tema?
    - *Aprendí que los países pueden tener muchos estados.*
    - *Aprendí que los países tienen líderes.*
- Lee el libro una vez más y busca las palabras del vocabulario.
    - *Veo la palabra **país** en la página 3 y la palabra **presidente** en la página 8. Las demás palabras del vocabulario están en la página 14.*

¡Vivo en un **país**!

ESTADOS UNIDOS DE AMÉRICA

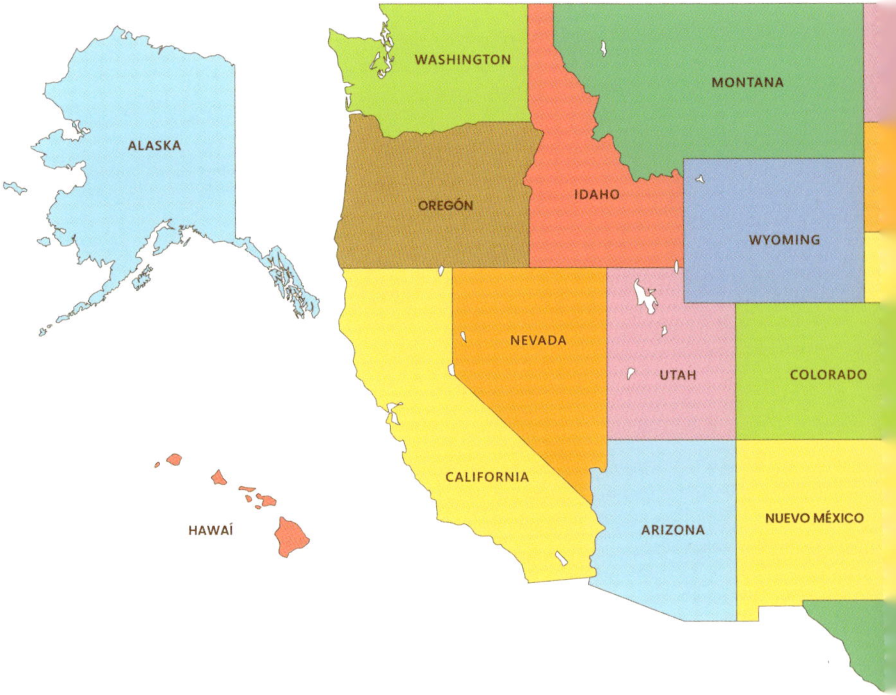

Se llama **Estados Unidos de América**.

Tiene 50 **estados.**

Tiene **océanos**
a ambos lados.

El **presidente**
es el líder.

Mi amigo vive
en **Canadá**.

CANADÁ

Yukón
Territorios del Noroeste
Nunavut
Terranova y Labrador
Columbia Británica
Alberta
Saskatchewan
Manitoba
Ontario
Quebec
Isla del Príncipe Eduardo
Nueva Escocia
Nuevo Brunswick

Tambien es un país.

Lista de palabras

Palabras de uso común

a
ambos
amigo
el
en
es
mi
también
tiene
un
vive
vivo

Palabras para conocer

Canadá

estados

Estados Unidos de América

océanos

país

presidente

32 palabras

¡Vivo en un **país**!

Se llama **Estados Unidos de América**.

Tiene 50 **estados**.

Tiene **océanos** a ambos lados.

El **presidente** es el líder.

Mi amigo vive en **Canadá**.

También es un país.

CRABTREE
Publishing Company

Written by: Alicia Rodriguez
Designed by: Rhea Wallace
Series Development: James Earley
Proofreader: Janine Deschenes
Educational Consultant:
Marie Lemke M.Ed.
Translation to Spanish:
Pablo de la Vega
Spanish-language layout and
proofread: Base Tres
Print and production coordinator:
Katherine Berti

¿DÓNDE VIVO?

EL PAÍS

Photographs:
Shutterstock: makspogonii: cover; Auna Mozhjer: p. 1; Aneta Lysakova: p. 3, 14; Shooarts: p. 4-5, 14; Nick Fox: p. 7, 14; mccv: p. 9, 14; boreala: p. 11, 14; Hannamariah: p. 12

Library and Archives Canada Cataloguing in Publication

Title: El país / Alicia Rodriguez ; traducción de Pablo de la Vega.
Other titles: Country. Spanish
Names: Rodriguez, Alicia (Children's author), author. | Vega, Pablo de la, translator.
Description: Series statement: ¿Dónde vivo? | Translation of: Country. | "Un libro de las raíces de Crabtree". | Text in Spanish.
Identifiers: Canadiana (print) 20210252677 | Canadiana (ebook) 20210252685 | ISBN 9781039616943 (hardcover) | ISBN 9781039617001 (softcover) | ISBN 9781039617063 (HTML) | ISBN 9781039617124 (EPUB) | ISBN 9781039617186 (read-along ebook)
Subjects: LCSH: United States—Juvenile literature. | LCSH: Canada—Juvenile literature.
Classification: LCC E156 .R6318 2022 | DDC j973—dc23

Library of Congress Cataloging-in-Publication Data

Available at the Library of Congress

Crabtree Publishing Company

www.crabtreebooks.com 1-800-387-7650

Printed in the U.S.A./092021/CG20210616

 In Canada: We acknowledge the financial support of the Government of Canada through the Canada Book Fund for our publishing activities.

Published in the United States
Crabtree Publishing
347 Fifth Avenue, Suite 1402-145
New York, NY, 10016

Published in Canada
Crabtree Publishing
616 Welland Ave.
St. Catharines, Ontario L2M 5V6